Sakshi Dixit
Akanksha Mulik
Disha Dhore

Extração de corpos d'água baseada em aprendizado de máquina a partir de imagens de satélite

Sakshi Dixit
Akanksha Mulik
Disha Dhore

Extração de corpos d'água baseada em aprendizado de máquina a partir de imagens de satélite

de imagens de satélite em cores visíveis

ScienciaScripts

Imprint

Any brand names and product names mentioned in this book are subject to trademark, brand or patent protection and are trademarks or registered trademarks of their respective holders. The use of brand names, product names, common names, trade names, product descriptions etc. even without a particular marking in this work is in no way to be construed to mean that such names may be regarded as unrestricted in respect of trademark and brand protection legislation and could thus be used by anyone.

Cover image: www.ingimage.com

This book is a translation from the original published under ISBN 978-620-7-45910-0.

Publisher:
Sciencia Scripts
is a trademark of
Dodo Books Indian Ocean Ltd. and OmniScriptum S.R.L publishing group

120 High Road, East Finchley, London, N2 9ED, United Kingdom
Str. Armeneasca 28/1, office 1, Chisinau MD-2012, Republic of Moldova, Europe
Printed at: see last page
ISBN: 978-620-7-30693-0

ÍNDICE DE CONTEÚDOS

RESUMO

A extração de massas de água a partir de imagens de satélite ajuda-nos a estudar os recursos hídricos. Devido às constantes alterações climáticas e ao aumento do aquecimento global, é necessário acompanhar as alterações nos recursos hídricos para estudar o seu impacto no ambiente. Da agricultura à indústria, as massas de água desempenham um papel importante na produção. As massas de água desempenham um papel importante na manutenção do equilíbrio ambiental. Para estudar as massas de água, a aquisição de imagens de satélite de alta resolução é um passo importante. Mas, mesmo depois de receber imagens de alta resolução, há alguns problemas que se colocam durante a extração de massas de água a partir de imagens de satélite. Uma das tarefas mais difíceis de ultrapassar é a distinção entre as massas de água e as sombras que as rodeiam e que são projectadas sobre a água. A deteção de massas de água estreitas é também um desafio. O estudo das massas de água ajuda-nos na deteção de inundações, na deteção de calado e no estudo de recursos e também na forma como estas massas de água podem ser utilizadas para o desenvolvimento do transporte de água. Para além destas vantagens, o estudo das massas de água pode ser útil para a defesa. Através da deteção, podemos extrair massas de água que podem tornar-se uma fonte de água, uma fonte de produção de eletricidade ou mesmo um local à volta do qual o exército pode montar os seus acampamentos. O objetivo deste projeto é discutir as abordagens, os algoritmos e as metodologias utilizadas para a deteção de massas de água em imagens de satélite. A exatidão dos vários modelos utilizados é comparada entre si.

Palavras-chave- **Extração de Corpos de Água, Imagens de Satélite, Sensores Remotos, Aprendizagem Profunda, Rede Neural.**

CAPÍTULO-01

INTRODUÇÃO

1.1 Visão geral

A coleção de água numa área que muitas vezes difere em tamanho, forma, cor, etc. é designada por massa de água. A água é a fonte mais importante para a sobrevivência dos seres vivos. Desde a confeção de refeições até à produção industrial, a água desempenha um papel importante. As massas de água podem ser naturais, como os oceanos, os rios, o mar, etc., ou artificiais, como os poços, os reservatórios, as lagoas, etc. Devido ao aumento do aquecimento global e ao rápido degelo dos glaciares nos pólos, registaram-se alterações nas massas de água. Ao longo do tempo, algumas massas de água diminuíram de tamanho, algumas zonas enfrentam secas, inundações, etc. O aumento do tráfego em terra motivou a utilização de massas de água para o transporte. As fronteiras estão sempre em perigo, pelo que é necessário estudar as massas de água que as rodeiam para aumentar a segurança. Isto leva-nos ao estudo das massas de água.

Na deteção de massas de água em imagens de satélite, a deteção remota desempenha um papel muito importante. Os sensores remotos são utilizados para detetar massas de água através da medição da reflexão emitida por estas. Os raios solares, depois de atravessarem a atmosfera terrestre e a superfície da água, atingem o fundo das massas de água. Em seguida, estes raios são reflectidos, após o que a radiação reflectida é captada por sensores remotos. Como a radiância reflectida nas massas de água é geralmente menor, é fácil classificar as massas de água e as massas de água não reflectidas. A utilização de sensores remotos em satélites torna possível a captação de grandes massas de água ou de áreas constituídas por várias massas de água.

A extração de características ajuda a diferenciar a água das sombras dos edifícios vizinhos ou das montanhas. Para uma extração precisa, são utilizadas muitas metodologias. Os métodos mais comuns utilizados são a classificação supervisionada, a classificação não supervisionada, o método de banda única, o método de relação inter-espetro e o método de índice de água. A análise de clusters é maioritariamente utilizada para a classificação não supervisionada.

A classificação de edifícios e os segmentos de modelos de avaliação foram frequentemente incluídos na classificação supervisionada. As bandas do infravermelho próximo e do infravermelho médio da abordagem de banda única, que reflectem melhor a fronteira água-terra, são a banda 4 ou a banda 5, respetivamente, do ETM+. As massas de água e as sombras circundantes podem ser distinguidas utilizando o método da relação inter-espetral.

A extração de massas de água a partir de imagens de satélite ajuda-nos a estudar os recursos hídricos. O estudo das massas de água ajuda-nos na deteção de inundações, na deteção de seca, no estudo dos recursos e na utilização destas massas de água para o desenvolvimento do transporte de água. Para além destas vantagens, o estudo das massas de água pode ser útil para a defesa. Através da deteção, podemos extrair massas de água que podem tornar-se uma fonte de água, uma fonte de produção de eletricidade, etc. para o exército. O objetivo é detetar a massa de água a partir de imagens de satélite, detetar as alterações no tamanho da massa de água e determinar se a inundação vai chegar ou não.

A observação das massas de água é um requisito para o estudo das alterações ambientais, como o aquecimento global que provoca o degelo dos glaciares e, consequentemente, as inundações. Assim, a deteção de massas de água é importante.

1.2   Motivação

Figura 01: Inundação de Kedarnath em 2013

Existem várias massas de água, como pequenos lagos, glaciares, rios, etc., localizados em zonas montanhosas. Não há muito trabalho realizado nesta área, pois é difícil diferenciar as sombras das grandes montanhas da superfície da água. É necessário estudar as alterações nestas massas de água causadas por alterações ambientais como o aquecimento global e a precipitação intensa. Podem ocorrer muitas alterações nos glaciares presentes nessas zonas, pelo que a vida das pessoas que nelas habitam está em perigo constante. Por exemplo, a calamidade de Kedarnath, ocorrida em 2013, foi causada pelo derretimento do glaciar a um ritmo elevado.

1.3 Definição do problema

Detetar massas de água a partir de imagens de satélite utilizando técnicas de aprendizagem profunda e de visão por computador. Utilizar o YOLOv8 para a deteção de massas de água e efetuar o mascaramento das massas de água.

Objectivos

❖ Deteção precisa de massas de água
❖ Mascaramento preciso das massas de água

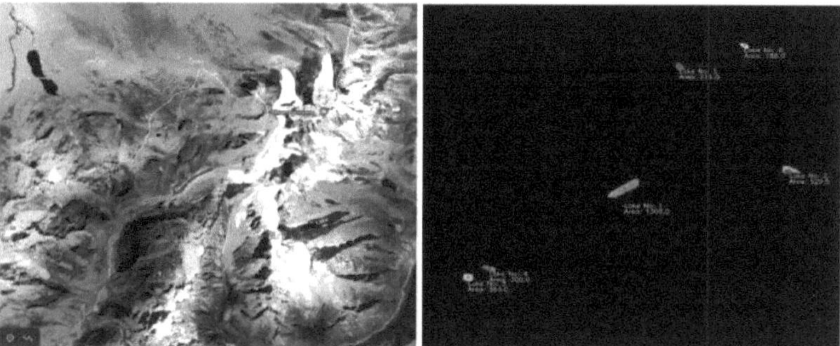

Figura 02: Entradas e saídas necessárias para o modelo

1.4 Âmbito do projeto

Em contraste com os métodos tradicionais de extração de água baseados em índices, que só funcionam dentro de um pequeno intervalo e falham em grande medida em áreas abertas e cenas complexas devido à dificuldade em selecionar limiares adequados e à incapacidade de aprender representações de características não lineares, as abordagens de aprendizagem profunda permitem uma formação adaptativa em conjuntos de dados grandes e variados.

Ao examinar estas primeiras obras literárias, pode deduzir-se que uma das maiores dificuldades é ultrapassar o compromisso entre correção e complexidade. Atualmente, procura-se uma precisão excelente com pouca complexidade. Investigações recentes demonstraram que a utilização de algoritmos de aprendizagem automática para a segmentação de imagens pode produzir melhores resultados do que a utilização de técnicas estatísticas convencionais. Para adaptar as redes de classificação actuais, sugerimos uma rede neural totalmente convolucional (CNN).

O nosso estudo futuro consistirá em alargar a nossa rede de segmentação semântica para calcular a área das massas de água e utilizar várias redes neuronais.

Devido às complicadas combinações espectrais produzidas pela vegetação aquática, às cores distintivas do lago/rio, aos sedimentos perto da margem, às sombras das plantas altas próximas e a outros factores, é frequentemente difícil localizar os limites de uma massa de água. Para uma melhor extração de massas de água a partir de fotografias de deteção remota VHR, é necessário aumentar a variedade e o conteúdo semântico das características. Nos últimos anos, assistiu-se a um aumento significativo da utilização de imagens de satélite para cartografar recursos naturais, incluindo florestas e massas de água. Tanto a floresta como os recursos hídricos são muito utilizados, pelo que a monitorização regular é essencial para a sua gestão sustentável.

1.5   Limitações

a. Recursos insuficientes

No que diz respeito à deteção de massas de água nas terras altas, não foram muitos os indivíduos que trabalharam. Por conseguinte, existe uma quantidade limitada de dados sobre as massas de água nas montanhas.

b. Formação insuficiente

Devido ao facto de haver menos dados disponíveis, o modelo pode não ser treinado com precisão. Por isso, pode afetar a precisão.

c. Elevada complexidade de implementação

Há muitos parâmetros que temos de considerar, como por exemplo, se a massa de água estiver rodeada de árvores, pode parecer verde. Assim, torna-se difícil de detetar. Além disso, as sombras de entidades físicas podem parecer massas de água ou a deteção de rios estreitos também é uma tarefa.

d. Desenvolvimento rápido do mercado

Muitos institutos ambientais ou de investigação estão a trabalhar nesta questão, mas não sabemos quantos utilizarão esta abordagem.

1.6   Vantagens

a. Ajuda-nos a estudar as alterações nas massas de água causadas por alterações ambientais, como o aquecimento global, chuvas intensas ou ausência de chuvas, etc.

b. Ao estudar as massas de água, podemos desenvolver o transporte aquático.

c. A gestão dos recursos hídricos está a tornar-se mais crucial devido à distribuição da abundância e escassez de água provocada pelas alterações climáticas.

d. Para preservar e salvaguardar os recursos hídricos finitos do planeta, é fundamental uma gestão sustentável da água.

1.7 Metodologias de resolução de problemas

Dividir e conquistar:

Dividir o problema global em subproblemas mais pequenos e mais fáceis de gerir. Por exemplo, pode dividir o problema de desenvolver a funcionalidade de back-end para a ocultação e recuperação de mensagens utilizando LSB em subproblemas como a codificação de mensagens, a descodificação de mensagens e a integração da funcionalidade com a interface de front-end. Ao abordar cada subproblema um de cada vez, pode tornar o problema global mais fácil de gerir.

Análise da causa raiz:

Quando se deparar com um problema, investigue a causa principal do problema em vez de tratar apenas os sintomas. Por exemplo, se os utilizadores estiverem a sofrer tempos de carregamento lentos, em vez de se limitar a otimizar o sítio Web para obter tempos de carregamento mais rápidos, pode investigar a causa principal do problema, como a capacidade do servidor ou a largura de banda da rede, e resolver essa questão subjacente.

Brainstorming:

Reúna um grupo de pessoas envolvidas no projeto e realize uma sessão de brainstorming para gerar ideias para resolver um problema específico. Por exemplo, se estiver com dificuldades em encontrar um design para a interface do utilizador, pode realizar uma sessão de brainstorming para gerar ideias para diferentes layouts e elementos de design.

Prototipagem:

Construa uma versão simples e reduzida do projeto para testar diferentes soluções e ideias. Por exemplo, pode construir um protótipo da interface do utilizador para testar diferentes ideias de design e obter feedback do utilizador antes de se comprometer com um design final.

Desenvolvimento ágil:

Utilize uma metodologia de desenvolvimento ágil, como o Scrum, para iterar e melhorar continuamente o projeto à medida que este avança. Ao dividir o projeto em partes mais pequenas e mais fáceis de gerir, e ao testar e iterar continuamente cada componente, pode melhorar o projeto ao longo do tempo e resolver quaisquer problemas ou questões que surjam pelo caminho.

CAPÍTULO -02

REVISÃO DA LITERATURA
Tabela 2.1: Pesquisa bibliográfica

N.º Sr.	Papel	Ano	Autor	Método
1	Deteção de massas de água utilizando a segmentação semântica	2018	Mina Talal ET.AL	Este artigo propõe uma técnica de segmentação semântica para detetar automaticamente corpos de água utilizando um modelo de aprendizagem por transferência de uma rede neural convolucional profunda. São utilizadas várias métricas de avaliação para testar o algoritmo proposto. A precisão global da previsão é de 99,86%.
2	Estudo de métodos de extração de massas de água com base em RS e SIG	2011	YANG Haibo ET.AL	São analisados vários métodos, incluindo a classificação não supervisionada, a classificação supervisionada, o limiar de banda única, o método da relação inter-espetro e o método do índice de água
3	Segmentação de imagens de satélite multiespectrais baseada em aprendizagem profunda para deteção de corpos de água	2021	Kunhao Yuan ET.AL	É utilizado um novo modelo DCNN, a rede multicanal de deteção de massas de água (MC-WBDN), que incorpora três componentes inovadores, ou seja, um módulo de fusão multicanal, um módulo Pooling e operações Space-to-Depth/Depth-to- Space.
4	Técnicas de aprendizagem profunda para observar o impacto do aquecimento global a partir de imagens de satélite de massas de água	2022	R., Chatterjee ET.AL	Para identificar as massas de água e as alterações na região a partir das fotografias, é utilizada a arquitetura Detectron2 de segmentação de instâncias. Com precisão média (mAP) para pixéis semelhantes com valores IoU, utilizaram Detectron2Mask com FPN ResNet50 e 101.
N.º Sr.	Papel	Ano	Autor	Método

5	Extração de massas de água a partir de imagens de satélite com várias fontes	2003	Zhaohui, Zhang ET.AL	É criado um modelo de identificação de massas de água utilizando a entropia. Este modelo tem um melhor desempenho nas imagens do que nas imagens SAR. A combinação de informações sobre os bordos com o conhecimento dos limites de uma massa de água ajuda a melhorar o modelo.
6	Segmentação de imagem de satélite multiespectral baseada em aprendizagem profunda para deteção de massas de água	2021	K. Yuan ET.AL	Foi desenvolvido um modelo de rede de deteção de massas de água multicanal (MC-WBDN), construído com recurso a uma rede neural convolucional profunda (DCNN). A função de perda é constituída por um termo de perda baseado na região e um termo de perda por pixel. Utilizaram a perda de entropia cruzada binária para o termo de perda por pixel.
7	Modelo de extração de massas de água baseado em objectos utilizando imagens de satélite Sentinel-2	2017	Gordana Kaplan ET.AL	Neste modelo, os elementos próximos que são classificados como massas de água são combinados para criar uma representação clara da massa de água.
8	Deteção de inundações em grande escala na bacia do rio das Pérolas com base em GEE e em séries temporais de imagens SAR Sentinental-1	20	ET.AL	Em primeiro lugar, é feito o pré-processamento, como a correção do terreno e a filtragem Refine Lee. Em seguida, é efectuada a análise estatística das imagens SAR. Depois disso, a filtragem das imagens é efectuada com base no limiar de frequência. As massas de água com frequência > 60% são massas de água permanentes. O método é eficaz na remoção das sombras das massas de água e a extração dos limites é feita com precisão.

N.º Sr.	Papel	Ano	Autor	Método
9	*Extração de massas de água a partir de imagens de satélite com várias fontes*	20	ET.AL	Trata-se de um modelo baseado na entropia. O valor de limiar para a entropia é definido. Para construir a imagem de entropia, são aceites os valores que são inferiores ao valor limiar. É gerada a imagem de subtração. O mapeamento transforma esta imagem de subtração numa imagem de entropia. .
10	*Monitorização dos recursos hídricos com base na CNN utilizando imagens de satélite*	2020	D.L. R. Charan ET.AL	A CNN é utilizada para agrupar os dados em categorias. As características recolhidas das massas de água são estudadas utilizando o SIG. . O modelo é posto à prova numa imagem raster multiespectral de quatro bandas. Este modelo ajuda a separar a massa de água da sua envolvente.
11	*Características CNN ricas para a segmentação de massas de água a partir de imagens aéreas e de satélite VHR [11]*	2021	Zhang Z ET.AL	As informações sobre as características de um campo recetivo pequeno e largo, bem como entre canais, são tidas em conta por um módulo de rede de combinação e extração de múltiplas características (MECNet).
12	*Deteção de massas de água com base em SAR utilizando a extração e integração de características morfológicas [12]*	2013	X. Li ET.AL	As imagens SAR de intensidade e coerência são ambas sujeitas a técnicas morfológicas para fundir as duas características recuperadas da mesma imagem. A exatidão do mapeamento das massas de água é melhorada pela interferência e os padrões de vegetação podem ser eliminados

1.2 Análise de lacunas

Tabela 2.2: Análise das lacunas

SR NO.	PAPEL	CONJUNTO DE DADOS	METODOLOGIA	RESULTADO	GAP
1	Deteção de massas de água segmentação semântica [01]	Imagens do DubaiSat-2	Segmentação semântica utilizando SGDM	Precisão do modelo - 99,86%	O modelo trata apenas de duas classes: massa de água e massa não hídrica. Não inclui classes como edifícios, estradas e vegetação.
2	Modelo de extração de massas de água baseado em objectos utilizando imagens de satélite Sentinel-2 [02]	Imagens do satélite Sentinel-2	Segmentação de imagens numa imagem multiespectral com 13 bandas utilizando NDWI. Duas técnicas de segmentação - segmentação multiresolução e segmentação por diferença espetral.	Precisão baseada em objectos - 90%.	Os resultados não conseguem eliminar a maior parte das informações enganosas.
3	Previsão de massas de água com base em ECDSA a partir de imagens de satélite com Unet [03]	Conjunto de dados Kaggle	Algoritmo de Assinatura Digital de Curva Elíptica (ECDSA)	Precisão de 94,1%	
4	Aplicação de segmentação semântica com poucos rótulos na deteção de corpos d'água a partir de imagens do satélite perusat-1 [04]	Conjunto de dados VHR Perusat-1	Segmentação semântica utilizando a UNet e a destilação de conhecimentos	Modelo 1 - Pontuação F1 - 97,63 Modelo 2 - Pontuação F1 - 95,78	Uma vez que há ruído nos modelos e a segmentação é imprecisa, o problema só se coloca para rios estreitos

SR NO.	PAPEL	CONJUNTO DE DADOS	METODOLOGIA	RESULTADO	GAP
5	Técnicas de aprendizagem profunda para observar o impacto do aquecimento global a partir de imagens de satélite de massas de água [05]	Imagens obtidas pelo satélite Sentinel-2	Segmentação de instâncias utilizando a arquitetura Detectron2 e o optimizador SGD	Fornece 99,50, 94,51 e ~ 10 para SGD acima de 97,99, 96,02 e ~ 7	
6	Segmentação de instância de corpo de água a partir de imagem aérea usando máscara RCNN [06]	Conjunto de dados COCO e conjunto de dados AIWR	Segmentação de instâncias utilizando a máscara RCNN e as redes Resnet-101 e RPN são utilizadas.	A exatidão média aumentou para 0,59	O autor avaliou este modelo apenas para imagens coloridas RGB, e não para outro tipo de conjunto de dados de imagens, o que poderia ter aumentado a precisão.
7	Método aplicado para segmentação de corpos d'água baseado em máscara R-CNN [07]	VHR-1026 & (GF)-2 RSIs	Máscara R-CNN na Res-Net-50 e ResNet-101	ResNet-50 por-forma melhor	Os resultados dos modelos baseados na Resnet-50 e na ResNet-101 para imagens com várias massas de água não são satisfatórios
8	Deteção de inundações em grande escala na bacia do rio das Pérolas com base em GEE e em séries temporais de imagens SAR Sentinental-1 [08]	Dados SAR de polarização dupla (VV e VH) da banda C do Sentinel-1 da ESA	Séries temporais	Remover a inferência de sombras das imagens	A qualidade da imagem pode afetar a precisão deste modelo

SR NO.	PAPEL	CONJUNTO DE DADOS	METODOLOGIA	RESULTADO	GAP
9	Extração de massas de água a partir de imagens de satélite com várias fontes [09]	Imagens LANDSAT e Radar SAR ERS	Modelo baseado na entropia	O método funciona melhor para imagens ópticas do que para imagens SAR.	Devido à presença de ruído speckle nas imagens ópticas, o desempenho é melhor nas imagens SAR do que nas imagens ópticas. As pequenas massas de água não podem ser extraídas
10	Segmentação de imagens de satélite multiespectrais baseada em aprendizagem profunda para deteção de massas de água [10]	Imagens de satélite Sentinel-2 Cidade de Chengdu	Modelo MC-WBDN baseado em DCNN.	Precisão do modelo - 73,56%	Necessidade de trabalhar na exatidão do modelo
11	Características CNN ricas para a segmentação de massas de água a partir de imagens aéreas e de satélite VHR [11]	Imagens aéreas VHR e imagens de satélite Gaofen2 (GF2)	Modelo MECNet	Precisão - 91,57%	Esta conceção presta mais atenção à informação global da caraterística ignorando a influência da relação espacial entre os mapas de característica

12	Deteção de massas de água com base em SAR utilizando a extração e integração de características morfológicas [12]	Imagens COSMOS-Sky Med de banda X e SLC	Segmentação morfológica, reconstrução morfológica, segmentação preliminar	A exatidão do método proposto pode ser garantida

CAPÍTULO-03

ESPECIFICAÇÃO DE REQUISITOS
DE SOFTWARE

3.1   Introdução

<u>3.1.1</u> Pressupostos e dependências

Partimos do princípio de que obtemos imagens de satélite de alta resolução. Assumimos também que os utilizadores com acesso administrativo devem ser cuidadosos e manipular, adicionar e modificar os dados de backend com precisão e sem erros. Uma das nossas hipóteses também depende da informação que o administrador introduz na aplicação; partimos do princípio de que a informação é precisa e exacta. Partimos também do princípio de que os detectores chegam às pessoas que deles necessitam. O modelo depende do conjunto de dados em tempo real fornecido durante a execução.

<u>3.1.2</u>   Classes e características dos utilizadores

Há vários utilizadores que podem utilizar este projeto para diferentes fins:

1. Desenvolvimento do transporte aquático

2. Estudo das alterações ambientais

3. Sector da Defesa

As civilizações primitivas, que surgiram junto a cursos de água, dependiam das embarcações para o transporte. É um dos meios de transporte mais importantes para transportar mercadorias de uma parte para outra de um país. Assim, o estudo dos recursos hídricos contribui para o desenvolvimento dos transportes por água.

A monitorização das massas de água é necessária para conhecer as alterações ambientais, como o aquecimento global, que provoca o degelo dos glaciares e, consequentemente, as inundações. Assim, a deteção de massas de água é importante. O estudo das massas de água ajuda-nos na deteção de inundações, na deteção de correntes de ar e no estudo dos recursos e na forma como estas massas de água podem ser utilizadas para desenvolver o transporte de água.

Para além destas vantagens, o estudo das massas de água pode tornar-se útil para a defesa. Através da deteção, podemos extrair massas de água que podem tornar-se uma fonte de água, uma fonte de produção de eletricidade, etc. para o exército.

3.2   Requisitos funcionais

<u>3.2.1</u> Características do sistema: 1 - Sistema de deteção de corpos de água

No desenvolvimento de um sistema de deteção de massas de água devem ser tidos em consideração três aspectos fundamentais, tais como a recolha de dados através de medições, o processamento de dados e os requisitos de hardware e software.

1. Imagens de satélite
2. Algoritmos diferentes
3. Anotações
4. Pré-processamento de dados

3.2.2 Características do sistema: 2 - Identificação de massas de água em imagens de satélite

A linguagem Python é utilizada como linguagem principal para a codificação. São utilizados diferentes conceitos de aprendizagem automática e profunda para a deteção de massas de água. São utilizadas várias técnicas e algoritmos, tais como:

1. YOLO
2. CNN- Rede Neural Convolucional
3. IOU

3.3 Requisitos da interface externa

3.3.1 Interfaces de utilizador

Serão fornecidas interfaces de utilizador para as massas de água detectadas.

3.3.2 Interfaces de hardware

Para utilizar a nossa aplicação, é necessário um sistema operativo atualizado.

Sistema operativo: Sistema operativo Windows mais recente

3.3.3 Interfaces de software

Recolha de dados: A recolha de dados pode ser efectuada a partir de várias fontes e, uma vez concluída, é distribuída pelos dispositivos e depois para um repositório central de dados, como a nuvem. Python 3.9 e chamadas API para ligar a aplicação GUI ao nosso modelo treinado.

3.3.4 Interfaces de comunicação

Processamento de dados: Depois de os dados terem sido recolhidos e obtidos nesta fase, é lógico que se proceda ao seu tratamento. Os utilizadores receberão os resultados do nosso modelo na aplicação GUI.

3.4   Requisitos não funcionais

<u>3.4.1</u> Requisitos de desempenho

O desempenho é avaliado em relação aos resultados que a aplicação produz.

Na análise de um modelo, a especificação dos requisitos é crucial. A conceção de um modelo que se adapte ao ambiente adequado só é possível quando as especificações dos requisitos são corretamente fornecidas.

Uma vez que são eles que irão efetivamente utilizar o modelo, os utilizadores do modelo atual são os mais indicados para fornecer os requisitos necessários. Isto deve-se ao facto de os requisitos terem de ser conhecidos nas fases iniciais para que o sistema possa ser concebido de forma a satisfazer esses critérios.

Uma vez criado um modelo, é muito difícil alterá-lo; no entanto, é inútil desenvolver um modelo que não satisfaça as necessidades do cliente.

A definição das necessidades de qualquer modelo pode ser enunciada, em termos gerais, da seguinte forma:

1. O modelo deve ser capaz de comunicar com o modelo atual.
2. O algoritmo deve ser exato
3. O modelo tem de ser uma melhoria em relação ao modelo anterior.
4. O utilizador deve realizar sozinho todas as tarefas do modelo atual.

<u>3.4.2</u> Requisitos de segurança

Os dados devem ser validados e devem também estar na forma correcta. Os dados devem ser correctos e o algoritmo utilizado para a avaliação deve ser cuidadosamente observado e mantido para garantir que não são geradas detecções incorrectas. A geração de detecções erróneas pode conduzir a uma direção errada. Assim, uma deteção incorrecta pode resultar na perda de confiança dos utilizadores.

<u>3.4.3</u> Requisitos de segurança

Esta iniciativa pode ser utilizada para gerar detecções falsas e induzir os utilizadores em erro com intenções maliciosas. Por conseguinte, a segurança deve ser adequada e capaz de proporcionar proteção contra a violação de dados e do sistema. Devemos utilizar a verificação múltipla para obter acesso ao sistema

<u>3.4.4</u> Atributos de qualidade do software

1. Fiabilidade:

O sistema deve gerar sistematicamente detecções válidas. Isto definirá a fiabilidade do sistema. Se gerar detecções defeituosas, a fiabilidade do sistema será menor.

2. Usabilidade:

A aplicação criada para os cidadãos deve ser de fácil utilização. Fácil de navegar e fácil de compreender.

3. Eficiência:

A velocidade com que as detecções serão geradas e a velocidade com que o sistema pode lidar com o processamento múltiplo paralelo de detecções define a eficiência do sistema

4. Correção:

Por vezes, a deteção gerada pode ser válida através de cálculos, mas pode não ser necessária para ser enviada aos utilizadores, uma vez que pode induzir em erro. Por isso, a correção das detecções é importante.

3.5 Requisitos do sistema

<u>3.5.1</u> Requisitos de software

1. Python-3
2. Navegador Anaconda
3. Bloco de notas Jupyter
4. rótuloImg
5. Windows 10 / Linux

<u>3.5.2</u> Requisitos de hardware

1. Processador (1 GHz ou mais)
2. Disco rígido (64 GB ou mais)
3. Ligação Ethernet ou WiFi
4. Memória (4 GB ou superior)
5. GPU

3.6 Modelos de análise: Modelo SDLC a ser aplicado

Modelo em cascata:

Seguem-se as etapas do projeto:

1. Recolha de dados (ORMB) e limpeza.
2. Construção de modelos de aprendizagem automática.
3. Ligação ao sítio Web através do Python Flask.
4. O utilizador introduzirá todas as informações necessárias para a previsão.

Neste processo, todas as operações de desenvolvimento do software são sequenciais e estáticas. Todas as operações têm lugar na ordem do SDLC durante apenas uma iteração. Este modelo é preferido por ser fácil de utilizar e por não haver qualquer sobreposição de operações neste modelo, conforme necessário.

O modelo em cascata funciona da seguinte forma:

1. Recolha e análise de requisitos -

Durante esta fase, todas as potenciais necessidades do sistema são reunidas e delineadas num documento de especificação de requisitos. Todas as necessidades de dados são satisfeitas de imediato no projeto subsequente.

2. Conceção do sistema -

Nesta fase, são examinadas as especificações necessárias da primeira fase e é criada a conceção do sistema. Esta conceção do sistema ajuda a determinar a arquitetura global do sistema, bem como os requisitos de hardware e de sistema.

3. Implementação -

O sistema é inicialmente construído como programas separados, conhecidos como unidades, que são depois fundidos na fase seguinte, utilizando dados da conceção do sistema. O teste de unidades é o processo de desenvolvimento e avaliação da funcionalidade de cada unidade.

4. Integração e testes -

Após o teste de cada unidade criada durante a fase de implementação, todo o sistema é fundido. Todo o sistema é testado quanto a erros e falhas após a integração.

5. Implementação do sistema -

Depois de o produto ter sido submetido a testes funcionais e não funcionais, é publicado no mercado ou implementado no ambiente do cliente.

6. Manutenção -

Há alguns problemas que surgem no ambiente do cliente. Para resolver esses problemas, são lançados patches. Além disso, para melhorar o produto, são lançadas algumas versões melhores. A manutenção é efectuada para introduzir estas alterações no ambiente do cliente.

3.7   Plano de implementação do sistema

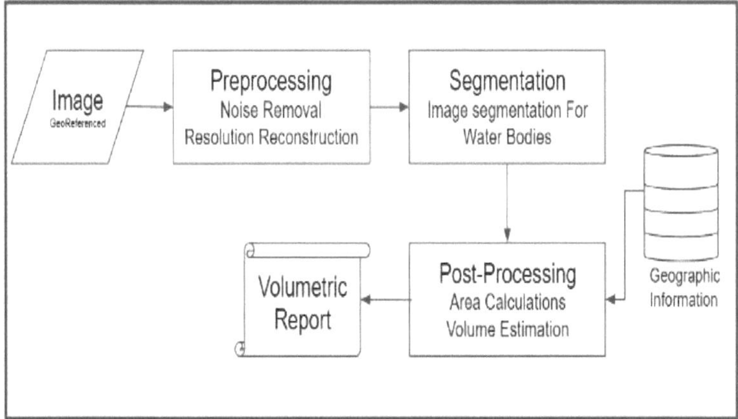

Figura 03: Fluxograma do modelo

1. O conjunto de dados de entrada é constituído por imagens de satélite.

2. São efectuados vários passos de pré-processamento nestas imagens de entrada.

3. É efectuada a segmentação da imagem para os corpos de água nestas imagens.

4. São fornecidos dados adicionais, como a localização das massas de água.

5. Com base nos resultados, os detetores são enviados.

CAPÍTULO-04

CONCEPÇÃO DO SISTEMA

4.1 Arquitetura do sistema

A arquitetura do sistema consiste essencialmente em 6 etapas, ou seja, introduzir as imagens, pré-processar e anotar as imagens para treino, detetar massas de água na imagem e mascarar essas massas de água e, finalmente, apresentar a massa de água detectada e mascarada ao utilizador através de uma interface gráfica.

Durante a leitura da imagem, esta pode ser de qualquer tamanho. O modelo Yolov8 é capaz de a redimensionar internamente.

O passo de pré-processamento envolve a anotação das imagens e a gravação das coordenadas e etiquetas da imagem.

O modelo utilizado para a deteção de corpos de água é o recém-lançado YOLOv8. E o modelo utilizado para mascarar as imagens é o modelo HSV, que utiliza a tonalidade, a saturação e o valor da imagem para mascarar a massa de água.

A etapa final consiste em apresentar a imagem da massa de água detectada e mascarada ao utilizador através da GUI.

4.2 Diagramas UML

4.2.1 Diagrama de casos de uso

Os diagramas de casos de utilização ajudam a captar os requisitos do sistema e descrevem o comportamento de um sistema em UML. O âmbito e as funções de alto nível de um sistema são descritos nos diagramas de casos de utilização. Os diagramas de casos de utilização mostram o que o sistema faz e como os actores o utilizam, mas não mostram como o sistema funciona no seu interior.

O contexto e os requisitos do sistema completo ou dos principais componentes do sistema são ilustrados e definidos através de diagramas de casos de utilização. Um diagrama de casos de utilização simples pode ser utilizado para representar um sistema complicado, ou podem ser criados vários diagramas de casos de utilização para representar cada componente do sistema. Os diagramas de casos de utilização são frequentemente criados nas fases iniciais de um projeto e são depois consultados repetidamente durante o desenvolvimento do projeto.

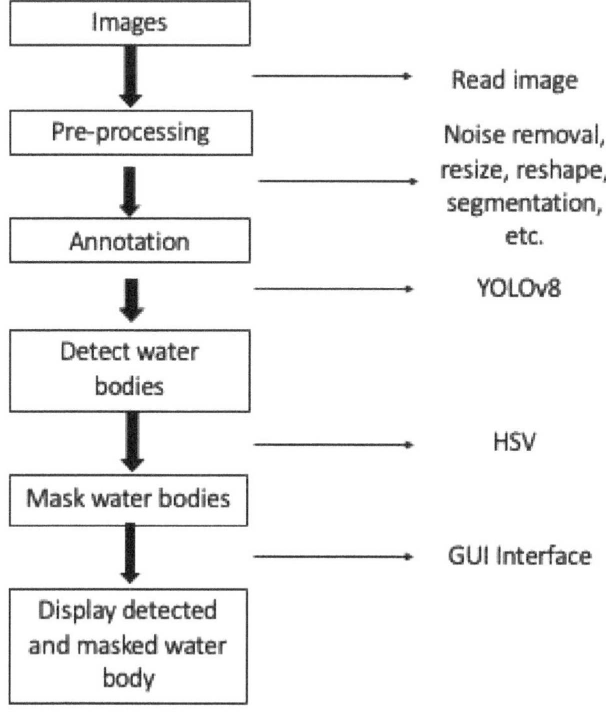

Figura 04: Arquitetura do sistema

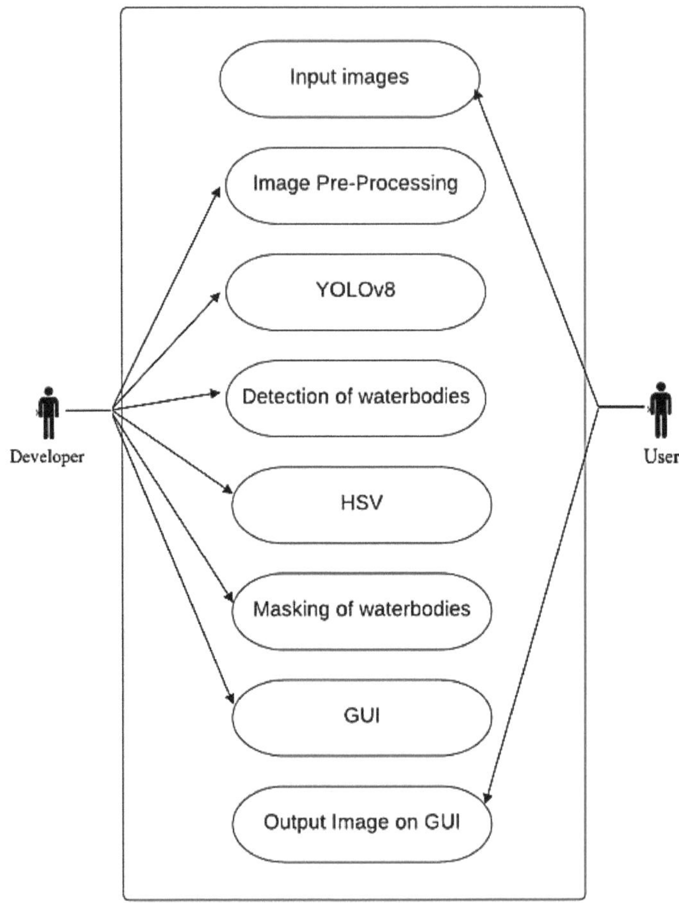

Figura 05: Diagrama de casos de utilização

<u>4.2.2</u> Diagrama de classes

Uma visão estática de uma aplicação é representada no diagrama de classes. Representa os diferentes tipos de objectos que estão presentes no sistema, bem como as suas interacções. Para além de ter os seus próprios objectos, uma classe pode também herdar de outras classes. Vários componentes distintos do sistema são visualizados, descritos, documentados e o código de software executável também é criado utilizando diagramas de classes. Apresenta as classes, relações, propriedades e funções para fornecer um resumo do sistema de software. Numa secção separada, organiza nomes de classes, características e funções para ajudar no desenvolvimento de software. É conhecido como um diagrama estrutural, uma vez que consiste num conjunto de classes, interfaces, afiliações, colaborações e restrições.

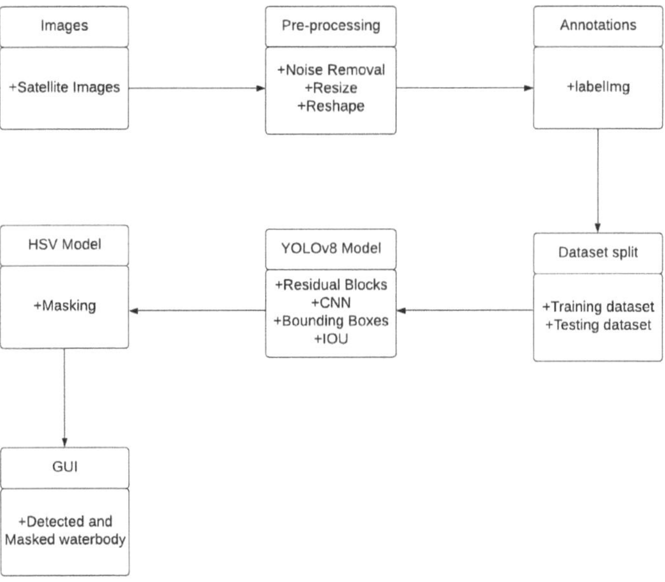

Figura 06: Diagrama de classes

<u>4.2.3</u> Diagrama de actividades

O diagrama de actividades em UML é utilizado para mostrar o fluxo de controlo do sistema e não a sua implementação. São modeladas actividades simultâneas e sequenciais. O fluxo de trabalho de uma ação para a seguinte pode ser visualizado utilizando o diagrama de actividades. Este diagrama coloca a tónica na existência de um fluxo e na sequência em que este ocorre. O fluxo pode ser sequencial, ramificado ou concorrente, e o diagrama de actividades foi concebido com uma bifurcação, junção, etc., para lidar com estes vários tipos de fluxos. Um fluxograma orientado para objectos é outra designação para este tipo de diagrama.

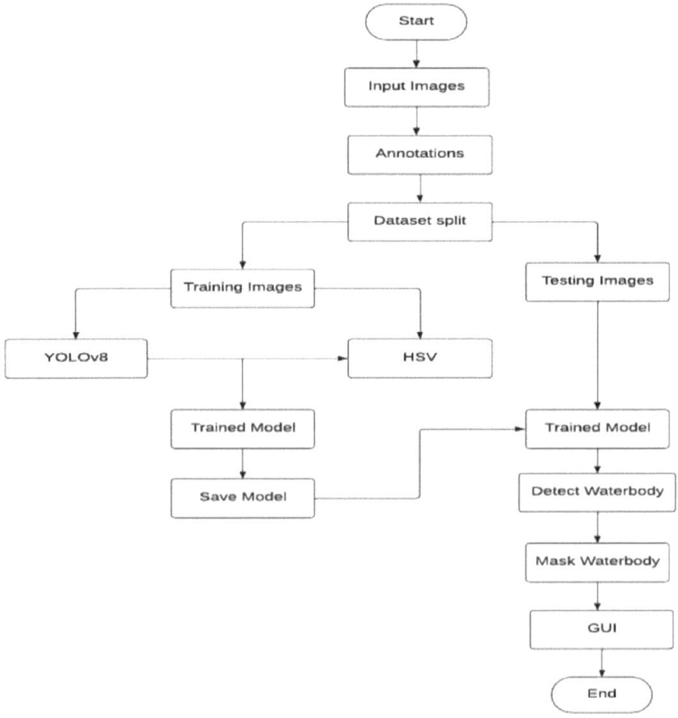

Figura 07: Diagrama de actividades

O diagrama de sequência, também conhecido como diagrama de eventos, mostra como as mensagens se movem através do sistema. Ele ajuda a criar uma variedade de configurações dinâmicas. Representa a comunicação entre duas linhas de vida quaisquer como uma série de actividades ordenadas cronologicamente, o que implica que essas linhas de vida estavam activas no momento da comunicação. O fluxo de mensagens é representado por uma linha pontilhada vertical que atravessa a parte inferior da página em UML, enquanto a linha de vida é representada por uma barra vertical. São incluídos tanto os ramos como as iterações.

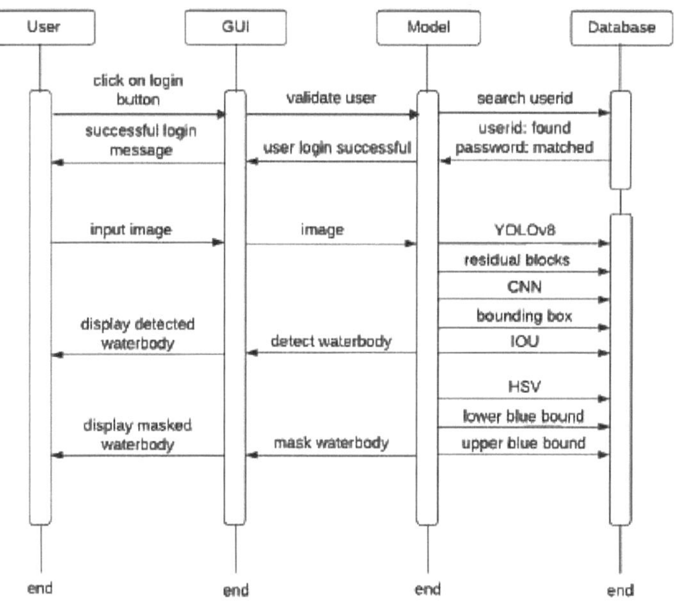

Figura 08: Diagrama de sequência

CAPÍTULO-05

EXECUÇÃO DO PROJECTO

5.1 Visão geral dos módulos do projeto

Os diferentes módulos incluídos no nosso projeto são os seguintes

1. Criar conta
2. Iniciar sessão na aplicação
3. Carregar imagem de entrada para deteção
4. Imagem resultante: massa de água detectada na imagem
5. Descarregar imagem do resultado

5.2 Ferramentas e tecnologias utilizadas

1 Anaconda Jupyter

Uma distribuição Python com várias ferramentas de software é chamada Anaconda. O Jupyter Notebook do Anaconda é uma ferramenta baseada na Web para codificar Python para aplicações científicas. Pode criar e editar documentos que mostram a entrada e a saída de um script Python utilizando o programa Jupyter Notebook. Pode distribuir estes ficheiros a outras pessoas depois de os guardar.

2 Google Earth

Uma representação 3D da Terra é produzida pelo Google Earth, um programa informático que utiliza maioritariamente imagens de satélite. Para dar aos utilizadores a possibilidade de verem cidades e paisagens de diferentes perspectivas, o programa mapeia a Terra sobrepondo fotografias de satélite, fotografias aéreas e dados SIG num globo 3D. O Google Earth é utilizado para criar um conjunto de dados de massas de água em locais montanhosos para este projeto.

3 rótuloImg

A ferramenta de anotação gráfica de imagens labelImg permite marcar visualmente os itens em cada imagem e guarda automaticamente os ficheiros XML das fotografias que foram etiquetadas. É uma forma simples e sem custos de anotar fotografias. O LabelImg é utilizado neste projeto para anotar fotografias.

5.3 Detalhes do algoritmo

Neste processo, são utilizados dois tipos diferentes de algoritmos, um para a deteção e outro para o mascaramento.

5.3.1 Algoritmo-1: Deteção Yolov8

O algoritmo YOLO utiliza uma rede neural convolucional profunda simples para identificar objectos numa imagem de entrada. A arquitetura do modelo CNN, que serve de estrutura ao YOLO.

O algoritmo YOLOv8 funciona utilizando as três técnicas seguintes:

1. Blocos residuais

2. O YOLO cria uma grelha m×m a partir da imagem de entrada. Uma célula da grelha é responsável pela deteção de um objeto se o seu centro estiver dentro dessa célula da grelha.

3. Regressão de caixa delimitadora

4. As caixas delimitadoras B e as pontuações de confiança para cada caixa são previstas em cada célula da grelha. O nível de certeza do modelo de que a caixa contém um objeto e a sua perceção da precisão da caixa prevista reflectem-se nestes valores de confiança.

5. Intersecção sobre a União (IOU)

Com base na previsão que tem o maior IOU atual com a verdade terrestre, o YOLO designa um preditor como sendo "responsável" pela previsão de um objeto. Os preditores da caixa delimitadora tornam-se mais especializados como resultado disto. A pontuação de recuperação agregada aumenta à medida que cada preditor se torna mais preciso na previsão de determinados tamanhos, proporções ou tipos de objectos.

5.3.2 Algoritmo-2: Mascaramento: modelo de cor HSV

Em termos da forma como as pessoas percepcionam realmente a cor, um modelo de cor HSV é o mais preciso. A perceção humana da cor difere da forma como o RGB ou o CMYK criam as cores. O espetro é apenas o resultado da fusão das cores primárias. As letras H representam a tonalidade, S a saturação e V o valor. Imagine um cone com um espetro de cores que vai do vermelho ao azul, da esquerda para a direita, com a intensidade da cor a aumentar do centro para o exterior. O brilho torna-se mais intenso à medida que se sobe. Como resultado, a camada do centro para cima é branca.

1. Tonalidade: A tonalidade indica o ângulo de visão do disco esférico. A cor é representada pela tonalidade. O valor da tonalidade varia entre 0 e 360.

2. Saturação: os valores de saturação indicam a quantidade de uma determinada cor que deve ser fornecida. Uma saturação de 100% indica a adição de apenas cor pura, enquanto uma saturação de 0% indica a ausência de cor e a consequente escala de cinzentos.

3. Valor: O valor representa o brilho em relação à saturação da cor. A escuridão total é representada pelo valor 0, enquanto o brilho total, que depende da saturação, é

representado pelo valor 100.

CAPÍTULO-06

ENSAIO DE SOFTWARE

6.1 Tipo de ensaio

Um tipo de teste chamado teste de unidade concentra-se em testar unidades ou componentes de software isolados. O objetivo dos testes unitários é encontrar e isolar erros em unidades de código individuais antes que estes afectem todo o sistema. Neste tipo de teste, o programador cria frequentemente testes automatizados para cada unidade de código e os testes são executados sempre que o código é alterado. O processo de desenvolvimento de software ágil não está completo sem os testes unitários, que ajudam a garantir que o produto final é fiável e de fácil manutenção. Os dois principais tipos de testes são os testes de caixa branca e os testes de caixa preta

Teste Black-Box

O teste da caixa negra é uma técnica para testar as funcionalidades das aplicações de software sem ter acesso à sua estrutura de código subjacente, às especificidades de implementação ou às rotas internas. Os testes de caixa negra baseiam-se exclusivamente nos requisitos e especificações do software e centram-se apenas na entrada e saída das aplicações de software. O termo "teste comportamental" é por vezes utilizado.

Teste de caixa branca

O teste de caixa branca é um método de teste de software que examina a organização interna, o código e o design do software para validar o fluxo de entrada-saída e para melhorar o design, a usabilidade e a segurança. Uma vez que o código é visível para os testadores durante o teste de caixa branca, outros nomes para este tipo de teste incluem teste de caixa clara, teste de caixa aberta, teste de caixa transparente, teste baseado em código e teste de caixa de vidro.

6.2 Casos de teste e resultados dos testes

7.2.1 Casos de teste

1.   Imagem contendo uma única massa de água como entrada para deteção
2.   Imagem contendo várias massas de água como entrada para deteção
3.   Imagem que não contém nenhuma massa de água como entrada para deteção
4.   Imagem que contém uma única massa de água como entrada para mascaramento
5.   Imagem com várias massas de água como entrada para mascaramento

6.2.2 Resultados dos testes

1.   É detectada uma única massa de água
2.   São detectadas várias massas de água

3. Não foi detectada nenhuma massa de água

4. Uma única massa de água é mascarada

5. Múltiplas massas de água mascaradas

CAPÍTULO-07

RESULTADOS

7.1 Resultados

Ao desenvolver este produto, obtemos como resultado um sistema em que o utilizador pode detetar um corpo de água na região montanhosa a partir da imagem fornecida e, se for detectado, o utilizador obtém a máscara do corpo de água.

7.2 Capturas de ecrã

7.2.1.Deteção e mascaramento de massas de água únicas

1.	Imagem de teste 01

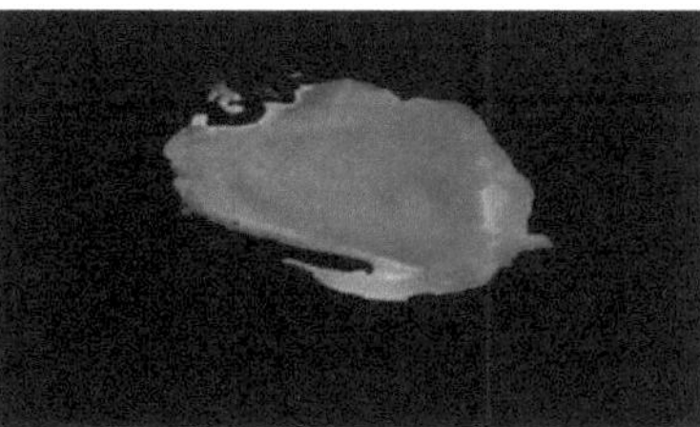

Figura 11: Corpo de água único detectado e mascarado na imagem de teste 1

2.	Imagem de teste 02

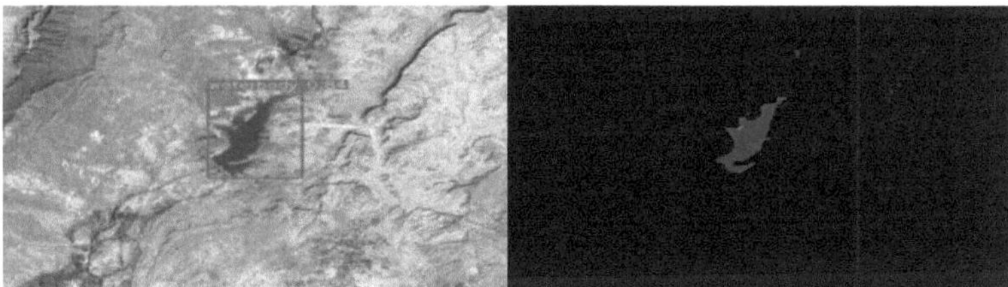

Figura 12: Corpo de água único detectado e mascarado na imagem de teste 2

7.2.2 Deteção e mascaramento de massas de água múltiplas

1. Imagem de teste 03

Figura 13: Corpos de água 2 detectados e mascarados na imagem de teste 3

2. Imagem de teste 04

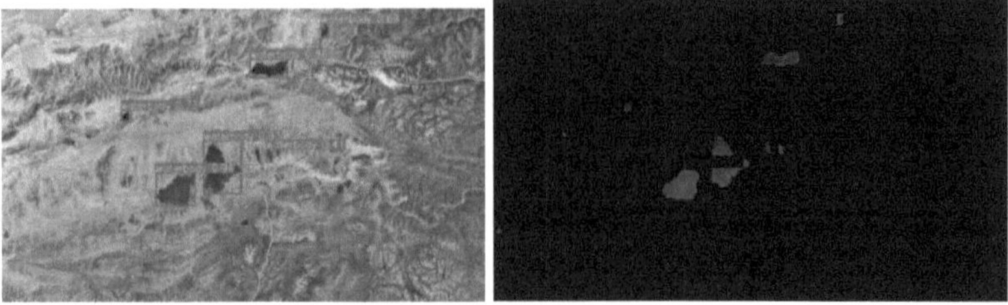

Figura 14: 6 massas de água detectadas e mascaradas na imagem de teste 4

3. Imagem de teste 05

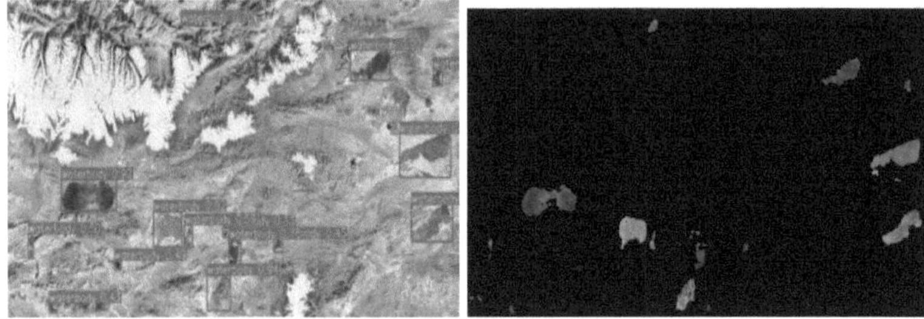

Figura 15: 15 massas de água detectadas e mascaradas na imagem de teste 5

7.2.3 Nenhuma massa de água detectada

1. Imagem de teste 06 2. Imagem de teste 07 3. Imagem de teste 08

Figura 16: Não foi detectada qualquer massa de água nas imagens de ensaio 06,07,08

4. Imagem de teste 09 5. Imagem de teste 10

Figura 17: Figura 16: Não foi detectada qualquer massa de água nas imagens de ensaio 09 e 10

7.2.4 Interface gráfica do utilizador (GUI)

Passo 1: Abrir a janela GUI

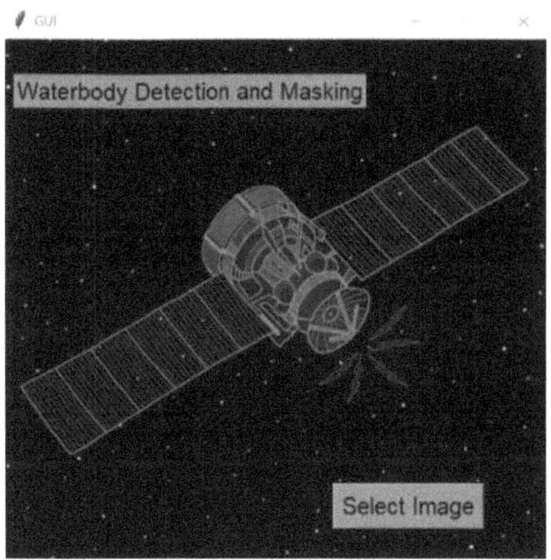

Figura 18: Janela GUI

Passo 2: Clique em "Selecionar imagem" para passar uma imagem

Figura 19: Entrada do utilizador

Passo 3: O corpo de água da imagem de entrada é detectado e mascarado

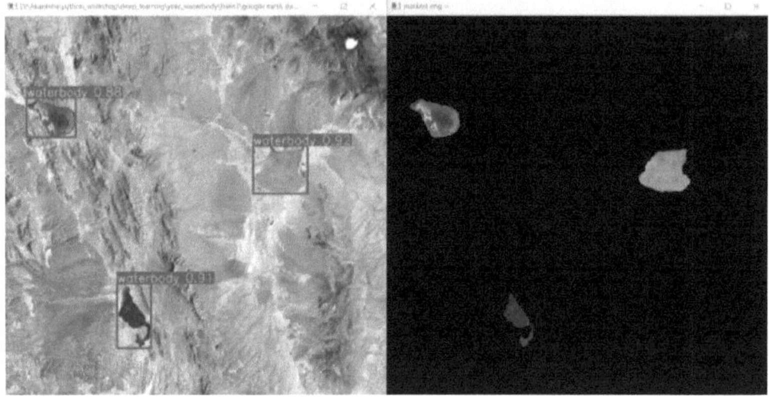

Figura 20: Janela de deteção e mascaramento

7.3 Matrizes de avaliação do modelo

7.3.1 F1-Curva de confiança

Uma medida que combina a recuperação e a precisão é o F1-Score. A média harmónica dos dois é o termo utilizado para a descrever. A média harmónica é uma forma diferente de calcular a média de um valor.

A confiança do modelo é uma medida de probabilidade, ou seja, a probabilidade de a previsão de um algoritmo de aprendizagem automática ser exacta. Mostra a eficácia com que o modelo está a trabalhar para atingir o seu objetivo. Normalmente, é utilizado um nível de confiança para medir a confiança do modelo. O nível de confiança de um modelo é a probabilidade de este atingir consistentemente uma previsão esperada. Um número, ou seja, um coeficiente de confiança, ou um intervalo de números em percentagem, ou seja, um intervalo de confiança entre 0 e 100%, são normalmente utilizados para exprimir este facto.

A precisão aumentará à medida que aumentarmos o nível de confiança, enquanto a recuperação diminuirá. O valor de confiança no gráfico, que maximiza a precisão e a recuperação, é 0,893, o que corresponde ao valor máximo de F1 (1,00).

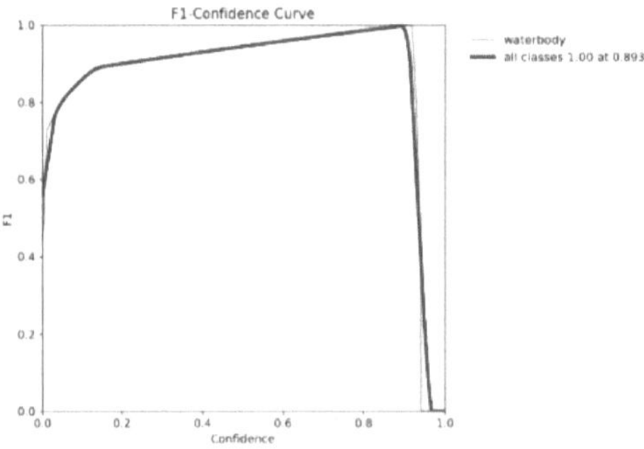

Figura 21: Curva F1-Confiança

7.3.2 Curva precisão-confiança

A confiança que se pode ter nas previsões "verdadeiras" do algoritmo depende da sua precisão. É o rácio entre as previsões "verdadeiras" corretamente adivinhadas e todas as previsões "verdadeiras" corretamente adivinhadas.

A precisão aumentará à medida que o limiar for aumentado, mas diminuirá quando o limiar for diminuído.

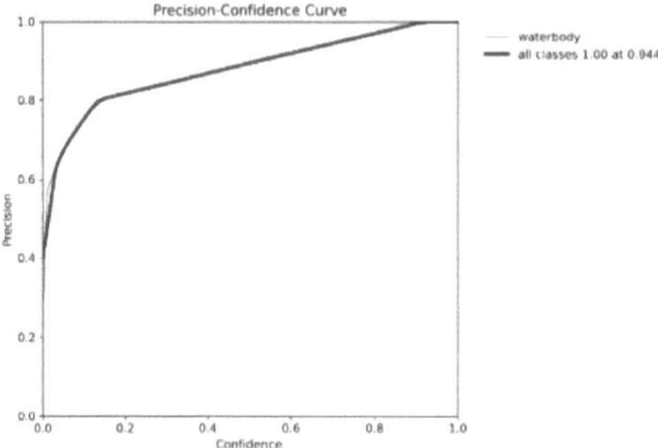

Figura 22: Curva precisão-confiança

7.3.3 Curva de confiança de recuperação

Ao calcular a recuperação do algoritmo, apenas devem ser utilizados os dados rotulados reais e "verdadeiros" do seu conjunto de dados de teste; em seguida, calcule a proporção de previsões exactas.

A recordação será pior quando o limiar for aumentado e melhor quando o limiar for diminuído.

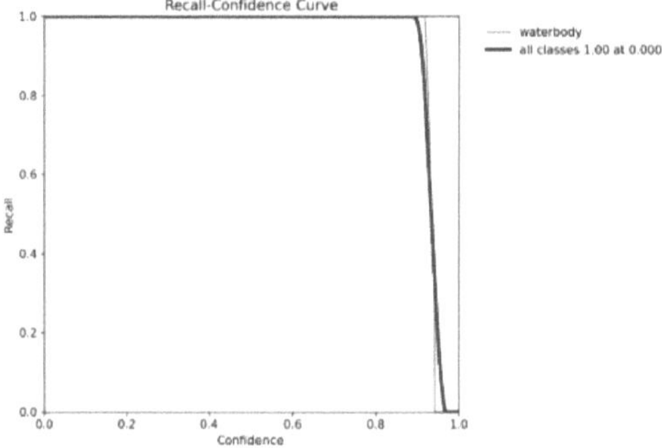

Figura 23: Curva de recuperação-confiança

7.3.4 Curva precisão-recall

Um indicador do desempenho do modelo é a precisão, ou a qualidade de uma previsão bem sucedida efectuada pelo modelo. O número total de previsões positivas, que inclui tanto os verdadeiros como os falsos positivos, é dividido pelo número total de verdadeiros positivos para determinar a precisão. A precisão, ou valor preditivo positivo, é a percentagem de exemplos pertinentes entre as ocorrências recuperadas.

A percentagem de amostras de dados de uma classe de interesse - a "classe positiva" - que um modelo de aprendizagem automática identifica corretamente como sendo um membro da classe como um todo é a recuperação, também conhecida como a taxa

38

positiva verdadeira (TPR). A recuperação mede a exatidão das previsões positivas. O compromisso entre a precisão e as recuperações para vários limiares é representado pela curva precisão-recuperação. Para compreender melhor como o limiar influencia o desempenho do classificador, considere uma curva de precisão-recuperação.

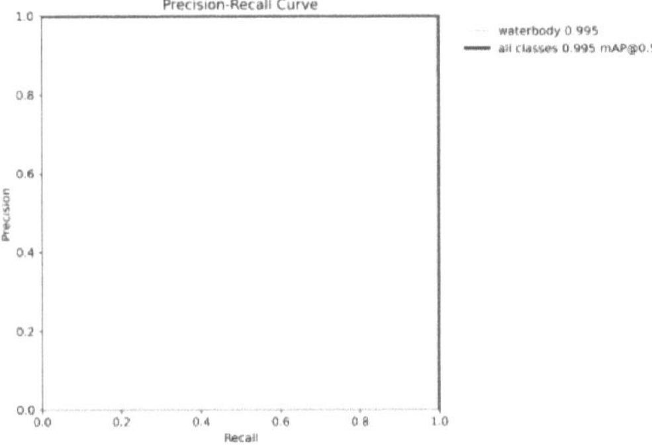

Figura 24: Curva precisão-recall

CAPÍTULO-08

CONCLUSÕES

8.1 Conclusão

A importância da informação sobre as massas de água, a motivação subjacente à extração das massas de água e os principais desafios enfrentados são estudados na primeira secção deste livro. São discutidos diferentes métodos e os resultados obtidos com estes métodos e os seus resultados são comparados entre si.

A partir do estudo da primeira secção, os desafios enfrentados até à data foram reduzidos. Continua a ser difícil distinguir as tonalidades das sombras projectadas pelas montanhas na superfície da água, o que dificulta a obtenção de informações precisas sobre as massas de água. Por vezes, estas sombras são detectadas como massas de água. Nas imagens que contêm várias massas de água, nem todas são detectadas. O mascaramento preciso das massas de água é um desafio.

Estes desafios são ultrapassados pelo nosso modelo de projeto proposto. A deteção de massas de água é feita com precisão utilizando o YOLOv8 com uma exatidão de 99%. As sombras das montanhas não são detectadas como massas de água, uma vez que é definido um valor limite para a pontuação de confiança. A deteção de várias massas de água é conseguida. O mascaramento das massas de água é efectuado com precisão com a ajuda do modelo HSV.

8.2 Trabalho futuro

Espera-se que os futuros avanços no algoritmo de deteção de massas de água forneçam informações úteis, como a área da massa de água e a deteção da expansão ou contração da massa de água, o que ajudará na deteção de cheias e secas.

Estes avanços servirão a nossa motivação para salvar vidas de pessoas afectadas por alterações súbitas nas massas de água. Este projeto contribui para a deteção precisa da massa de água, o que constitui o primeiro passo para alcançar o objetivo futuro.

8.3 Aplicações

1. Controlo ambiental

   Este modelo é necessário para avaliar as tendências e as condições ambientais, apoiar a criação de políticas e gerar dados para a apresentação de relatórios ao público, aos fóruns internacionais e aos decisores políticos nacionais.

2. Previsão de inundações

   Com base em medições diárias de satélites passivos de micro-ondas, este modelo é necessário para identificar e seguir cheias significativas de rios quase em tempo real. Após a ocorrência de uma inundação, o objetivo é localizar e avaliar os potenciais efeitos humanitários.

3. Avaliação dos recursos hídricos

Com base em medições diárias de satélites passivos de micro-ondas, este modelo é necessário para identificar e seguir cheias significativas de rios quase em tempo real. Após a ocorrência de uma inundação, o objetivo é localizar e avaliar os potenciais efeitos humanitários.

4. Avaliação das inundações

A fim de gerir melhor o risco de inundação e a preparação para catástrofes, os locais que correm o risco de inundação são identificados utilizando o modelo de avaliação e cartografia do risco de inundação.

5. Deteção de secas

A monitorização da seca implica o acompanhamento de índices e indicadores que avaliam as alterações do ciclo hidrológico de uma região. Com base na redução da área de água, este modelo pode ser utilizado para identificar secas.

6. Gestão de catástrofes

A gestão de catástrofes é o processo através do qual "nos preparamos, respondemos e aprendemos com os efeitos de grandes falhas" e lidamos com os efeitos humanos, materiais, económicos ou ambientais de uma catástrofe. Mesmo que as catástrofes naturais sejam frequentemente o resultado da atividade humana.

REFERÊNCIAS

[1] M. Talal, A. Panthakkan, H. Mukhtar, W. Mansoor, S. Almansoori e H. A. Ahmad, "Deteção de corpos d'água usando segmentação semântica", Conferência Internacional de 2018 sobre Processamento de Sinais e Segurança da Informação (ICSPIS), 2018, pp. 1-4, doi: 10.1109/CSPIS.2018.8642743.

[2] J. Gonzalez, K. Sankaran, V. Ayma e C. Beltran, "Application of Semantic Segmentation with Few Labels in the Detection of Water Bodies from Perusat-1 Satellite's Images," 2020 IEEE Latin American GRSS & ISPRS Remote Sensing Conference (LAGIRS), 2020, pp. 483-487, doi: 10.1109/LAGIRS48042.2020.9165643.

[3] Sangdaow Noppitak, Sarayut Gonwirat e Olarik Surinta. 2020. Segmentação de instância de corpo d'água de imagem aérea usando rede neural convolucional baseada em região de máscara. Em Proceedings of the 2020 The 3rd International Conference on Information Science and System (ICISS 2020). Association for Computing Machinery, Nova Iorque, NY, EUA, 61-66. https://doi.org/10.1145/3388176.3388184

[4] Chatterjee, R., Chatterjee, A. & Islam, S.H. Deep learning techniques for observing the impact of the global warming from satellite images of water-bodies. *Multimed Tools Appl* **81**, 6115-6130 (2022), doi.: 10.1007/s11042-021-11811-1.

[5] Gordana Kaplan e Ugur Avdan, "Modelo de extração de massas de água baseado em objectos utilizando imagens de satélite Sentinel-2", vol. 50, pp. 137-143, 2017, doi:10.1080/22797254.2017.1297540.

[6] Zhaohui, Zhang & Prinet, Véronique & Songde, Ma. (2003). Extração de massas de água a partir de imagens de satélite de múltiplas fontes. Simpósio Internacional de Geociências e Deteção Remota (IGARSS). 6. 3970 - 3972 vol.6. 10.1109/IGARSS.2003.1295331.

[7] K. Yuan, X. Zhuang, G. Schaefer, J. Feng, L. Guan e H. Fang, "Deep-Learning-Based Multispectral Satellite Image Segmentation for Water Body Detection", em IEEE Journal of Selected Topics in Applied Earth Observations and Remote Sensing, vol. 14, pp. 7422-7434, 2021, doi: 10.1109/JSTARS.2021.3098678.

[8]   Zhang Z, Lu M, Ji S, Yu H, Nie C. Rich CNN Features for Water-Body Segmentation from Very High Resolution Aerial and Satellite Imagery. *Sensoriamento Remoto*. 2021; 13(10):1912. doi.: 10.3390/rs13101912.

[9]   X. Li, Z. Hu e L. Ge, "SAR-based waterbody detection using morphological feature extraction and integration," *2013 IEEE International Geoscience and Remote Sensing Symposium - IGARSS*, 2013, pp. 2880-2883, doi: 10.1109/IGARSS.2013.6723426.

[10] D. L. R. Charan, D. S. S. Teja, R. Subhashini, Y. B. Jinila e G. M. Gandhi, "Convolutional Neural Network based Water Resource Monitoring Using Satellite Images," *2020 5th International Conference on Communication and Electronics Systems (ICCES)*, 2020, pp. 1261-1266, doi: 10.1109/ICCES48766.2020.9137920.

[11] Haibo, Yang & Zongmin, Wang & Hongling, Zhao & Yu, Guo & Yang, Haibo. (2011). Estudo de métodos de extração de corpos d'água com base em RS e GIS. Procedia Environmental Sciences. 10. 2619-2624. 10.1016/j.proenv.2011.09.407.

[12] Shahbaz, Muhammad & Guergachi, Aziz & Noreen, Aneela & Shaheen, Muhammad. (2013). Uma abordagem de mineração de dados para reconhecer objetos em imagens de satélite para prever recursos naturais. Notas de aula em Engenharia Elétrica. 229. 215-230. 10.1007/978- 94-007-6190-2-17.

[13] Sekertekin Aliihsan, Sevim Yasemin Cicekli, Niyazi Arslan Identificação baseada em índices de recursos hídricos de superfície usando imagens de satélite Sentinel-2.2018 2º Simpósio Internacional de Estudos Multidisciplinares e Tecnologias Inovadoras (ISMSIT), IEEE (2018), pp. 1-5

[14] T. Hahmann, S. Martinis, A. Twele, A. Roth e M. Buchroithner, "Extraction of water and flood areas from SAR data", apresentado na 7.ª Conferência Europeia sobre Radar de Abertura Sintética (EUSAR), 2008.

[15] McFeeters, S.K. A utilização do Índice de Diferença Normalizada da Água (NDWI) na delineação de características de águas abertas. Int. J. Remote Sens. 1996, 17, 1425-1432.

[16]   Gautam, V.K.; Gaurav, P.K.; Murugan, P.; Annadurai, M. Assessment of surface water Dynamicsin Bangalore using WRI, NDWI, MNDWI, supervised classification and KT transformation. Aquat. Procedia 2015, 4, 739-746.

[17]   He, K.; Zhang, X.; Ren, S.; Sun, J. Mergulhando fundo nos rectificadores: Ultrapassar o desempenho a nível humano na classificação de imagens. Nos Anais da Conferência Internacional do IEEE sobre Visão Computacional, Santiago, Chile, 13-16 de dezembro de 2015; pp. 1026-1034.

[18]   Xie Chunxi , Zhang Jixian , Huang Guoman , Zhao Zheng e Wang Jiaoa. "Extração de informação sobre corpos de água a partir de imagens de radar de abertura sintética aerotransportadas de alta resolução com a técnica de imagem em diferentes direcções e orientada para objectos". In Proceeding of the ISPRS Congress Silk Road for Information from Imagery, Beijing, 2008, pp. 165- 168.

[19]   Cunjian Yang Cunjian Yang Rong He Siyuan Wang. "Extração de corpos de água da imagem de micro-satélite Beijing-1 com base na descoberta de conhecimentos". Nos Procedimentos do Simpósio Internacional de Geociência e Sensoriamento Remoto do IEEE, Boston, Massachusetts, EUA, 6-11 de julho de 2008.

[20]   Yuanzhi Zhang, Jouni T. Pulliainen, Sampsa S. Koponen, e Martti T. Hallikainen. "Recuperação da qualidade da água a partir de dados combinados Landsat TM e ERS-2 SAR no Golfo da Finlândia". IEEE Transaction on GEOSCIENCE AND REMOTE SENSING, 0196-2892, 2003.

Printed by Books on Demand GmbH, Norderstedt / Germany